设计师高手之路

UI设计法则与应用实战

陈亚 编著

人民邮电出版社
北京

图书在版编目（CIP）数据

设计师高手之路：UI 设计法则与应用实战 / 陈亚编著. -- 北京：人民邮电出版社，2025. -- ISBN 978-7-115-64869-3

Ⅰ．TP311.1

中国国家版本馆 CIP 数据核字第 20240GA848 号

内 容 提 要

UI设计是手机App等产品开发中不可或缺的环节。竞争力分析显示，UI设计师的薪资水平较高，因此吸引了众多人的关注。掌握UI设计需要具备一定的美术功底和设计思维，以及平面设计、网页设计等全面的工作技能。本书是为想要学习UI设计的读者打造的系统、全面的教程，详细介绍UI设计的基础知识、常用规范和实战技巧。通过本书的学习，读者将掌握UI设计的核心理念和实践技能，能够在工作中更加熟练地应用设计规范和法则，从而提升设计感和创造力。

本书适合设计专业学习者和UI设计从业者阅读。

◆ 编　著　陈　亚

　　责任编辑　董雪南

　　责任印制　周昇亮

◆ 人民邮电出版社出版发行　　北京市丰台区成寿寺路 11 号

　　邮编　100164　　电子邮件　315@ptpress.com.cn

　　网址　https://www.ptpress.com.cn

　　北京九天鸿程印刷有限责任公司印刷

◆ 开本：787×1092　1/32

　　印张：4.75　　　　　　　　　　2025 年 6 月第 1 版

　　字数：122 千字　　　　　　　　2025 年 6 月北京第 1 次印刷

定价：69.80 元

读者服务热线：(010)81055296　印装质量热线：(010)81055316

反盗版热线：(010)81055315

目 录

01 UI概述及基本工作流程

02 设计基础

03　设计规范/图标/投影及要点提示

04 设计常用法则与定律

05 设计师设计要点与准则

06 提升设计感的小技巧

07 案例实战制作

08 学习与总结

01

UI概述及基本工作流程

1.1 什么是UI设计

UI设计，全称为用户界面设计（User Interface Design），是指为计算机软件、网站、移动应用、电子设备等产品设计用户界面的过程和结果。UI设计师通过合理的布局、界面元素、交互方式等手段，将复杂的技术和功能呈现为直观、易用、美观的用户界面，以提供良好的用户体验。

UI设计关注的是产品的外观、布局、颜色、字体等方面，以及用户在使用产品时的交互方式、操作流程等，以便让用户在使用产品时感到方便、省心。

UI设计通常包括以下几个方面的工作。

图形设计：包括界面的整体布局、色彩搭配、图标、按钮、间距等元素的设计，以及界面的视觉效果，如字体、图片等。

交互设计：包括用户界面的交互方式、操作流程、跳转方式、导航设计、状态提示等，确保用户能够轻松地理解和使用产品。

用户体验设计：关注用户在使用产品时的感觉和反应，包括用户需求的调研、用户行为分析、用户测试等，以便优化用户体验。

响应式设计：考虑不同设备（如手机、平板电脑、计算机等）上的用户界面显示效果，使界面在各种屏幕尺寸和设备上都能正常展现和运行。

设计规范和标准：制定并遵循一定的设计规范和标准，保持界面的一致性和可维护性，提高用户的学习和使用效率。

UI设计在产品开发中起着重要作用，它直接影响着产品的用户体验、用户满意度和产品的市场竞争力。好的UI设计可以增强用户对产品的认知，降低使用门槛，提高用户满意度，从而增加用户黏性和忠诚度。

1.2 开发团队构成及工作流程

一个完整的UI设计开发团队通常包括以下几个角色。

产品经理(Product Manager):负责产品的整体规划和管理,包括需求分析、项目管理、用户调研等,确保产品的设计和开发符合用户需求和业务目标。

用户体验设计师(User Experience Designer):也称为UX设计师,注重用户的整体体验,需要关注用户在使用产品过程中的情感、需求、目标和行为,通过用户调研、信息架构、交互设计和可用性测试等,旨在提升产品的用户体验。

UI设计师(User Interface Designer):负责设计用户与产品进行交互的界面,包括按钮、图标、颜色、排版等。UI设计旨在创造出美观和易用的界面,以提高用户对产品的满意度。UI与UX的工作是密不可分、互相关联的。

前端工程师(Front-end Developer):负责将UI设计师设计的界面转化为前端代码,使用HTML、CSS、JavaScript等语言,来实现产品在浏览器端的呈现和交互。

后端开发工程师(Back-end Developer):负责处理用户界面与后端服务器之间的数据传输和业务逻辑处理,包括数据库设计、服务器端编程等。

测试工程师(QA Tester):负责对产品界面进行测试,包括功能测试、兼容性测试、性能测试等,以确保用户界面的质量和稳定性,确保产品可以在不同环境和设备上正常运行。

运维工程师:负责将产品部署到服务器上,并进行后续的运营和维护。

以上是一个常见的UI设计开发团队的构成,不同团队可能根据项目需求和组织结构而有所不同。在团队协作中,各角色之间需要紧密合作,相互协调,共同努力，以保证用户界面的设计和开发工作顺利进行，并最终交付高质量的产品。

工作流程：

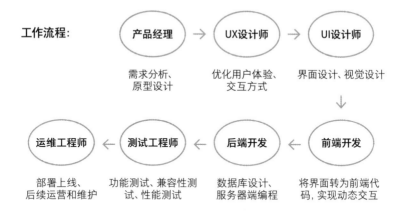

1.3 UI设计师需具备的技能

设计软件：熟练使用设计软件（如Adobe Photoshop、Adobe Illustrator、Sketch、Figma、即时设计、Adobe After Effects、Principle等）来完成用户界面设计、交互设计和动画效果制作。

设计理论知识：了解设计原理和基础理论，如色彩搭配、字体使用、图标设计、设计法则、设计规范等，能够将这些理论知识应用到设计实践中。

界面设计能力：能够完成不同设备（PC端、移动端等）的界面设计，以及低保真/高保真的原型图绘制。

动画效果设计能力: 掌握动画制作、交互动画效果设计、页面过渡动画设计等技能。

学习能力: 能够持续学习并掌握新的设计工具和技术,跟上行业的发展和变化。

1.4 UI设计常用软件及功能

Adobe Photoshop是一款图像编辑处理软件,广泛应用于图像编辑、图形设计(海报、宣传册、包装设计等)、绘画、网页设计和界面设计、图像合成与修复、文字设计和排版等工作中,具有强大的图像处理和创作功能。

Adobe Illustrator是一款矢量图形设计软件,常用于矢量图形设计(图标icon、logo、插图等)、印刷品设计(宣传册、名片、包装设计等)、图形排版和文字设计、品牌设计等,与其他Adobe创意套件(如Photoshop和InDesign)的集成性强,使设计师能够在不同软件之间进行切换。

Abobe After Effects是一款视频和动画制作软件,可以制作各种类型的动画和视觉效果。

Figma是一款基于云端的协作设计工具,它的协作和云端功能使团队成员能够实时共享和协作设计,无需版本管理,常用于界面设计、多人协作、原型设计等,具有众多插件扩展和社区资源。

 即时设计是一款在线协作 UI 设计工具。全中文界面,个人用户永久免费,支持多人在线协作。具备所有常规的矢量编辑功能,覆盖界面设计与交互、动画设计场景。拥有超过 150个效率插件及数万套可免费商用的资源。支持AI 生成可编辑 UI及AI 生成图像。

 Sketch是Mac平台一款界面设计工具,是UI设计师常用软件之一,主要用于交互原型设计、界面设计、网页设计等,具有较多的插件扩展。

 Principle是Mac平台上的一款交互式动效设计软件,用于创建交互式原型和动画效果,支持导入Sketch及Figma文件。

UI设计师常用的软件工具有多种,各有优缺点,请根据设计需求和个人习惯进行选择。

1.5 行业分支解析

B端和C端

B端（Business to Business）是指企业对企业的商业模式，也称为"企业对企业"。

B端产品通常是为企业提供解决方案和服务，例如，企业级软件、硬件设备、供应链管理系统等。B端产品的服务对象是企业，其客户需求通常涉及业务流程优化、成本控制、效率提升等方面。

C端（Business to Consumer）是指企业对个人的商业模式，也称为"企业对消费者"。

C端产品通常是为消费者提供产品和服务，例如，电商平台、社交网络、手机应用等。C端产品的服务对象是个人，其客户需求通常涉及个性化需求、娱乐、生活便捷等方面。

B端和C端的区别在于服务对象的不同，B端着重于为企业提供解决方案和服务，而C端则着重于为消费者提供产品和服务。这种差异也使B端和C端对UI设计、产品策划、市场营销等方面有着不同的需求。

数据可视化

举例： 左边为文字，右边为图像，当我们看到图片时，脑海里可以更快地理解文字，即所谓的"一图胜千言"。这说明图片比文字更直观、有趣、简洁、易于理解，这就是数据可视化。

"两条狗在奔跑"

数据可视化是将数据以图形、图表、图像等可视化的形式呈现出来，使得数据变得更加易于理解、比较和分析。数据可视化主要是通过使用各种图表和图形来传达数据中的信息和关系，以便于人们更快速、更直观地理解数据的含义和趋势。

数据可视化可以应用于很多领域，例如，商业、科学研究、医学、政府管理等。在商业领域，数据可视化可以用于市场分析、销售数据分析、财务分析等；在科学研究领域，数据可视化可以用于实验数据分析、研究成果呈现等；在医学领域，数据可视化可以用于患者数据分析、病历管理等；在政府管理领域，数据可视化可以用于人口统计、公共政策等。总之，数据可视化通过呈现数据的可视化形式，帮助人们更好地理解数据，更快速、准确地做出决策。

应用程序（APP）和小程序

APP（Application）是指应用程序，一般指可以安装在移动设备（如手机、平板电脑等）上的软件，可以为用户提供各种服务和功能，例如，社交、购物、游戏、新闻、娱乐、旅行、健康等。

小程序（Mini Program）是一种轻量级的应用程序，可以在微信、支付宝等平台上运行，无需下载和安装，具有启动速度快、流畅度好、使用方便等优点。小程序可以为用户提供各种服务和功能，例如在线购物、餐饮外卖、出行服务、生活服务等。

APP和小程序都是为用户提供便捷的服务和功能的工具，可以帮助人们更加高效地完成各种任务，提高生活和工作的质量。

网站

网站是一种基于互联网的在线信息服务平台，通过浏览器等客户端软件访问，为用户提供各种信息和服务。

网站按照内容可分为新闻网站、娱乐网站、教育网站、电子商务网站、社交媒体网站等；按照形式可分为门户网站、搜索引擎、论坛、博客、视频网站、音乐网站、游戏网站等；按照访问对象可分为B2B网站、B2C网站、C2C网站等；按照行业可分为医疗网站、金融网站、旅游网站、房地产网站等；按照功能可分为在线支付网站、电子邮件网站、在线存储网站等。这些分类方式并不是互相独立的，一个网站可以同时符合多种分类方式。

其他

其他包含游戏UI设计、HMI车载界面设计等。

游戏UI设计：主要关注游戏的用户界面设计，包括游戏角色、游戏道具、游戏界面等。

HMI车载界面设计：为车辆上的人机交互界面设计图形和交互元素，以提供直观、易于理解和易于操作的用户界面。HMI车载界面设计需要考虑驾驶员的操作习惯、反应时间和安全性等因素，同时需要满足车载硬件和软件的技术要求，以保证界面的高性能和可靠性。

行业发展前景

UI行业的发展前景非常广阔。随着科技和互联网的不断发展，人们越来越重视用户体验和界面设计。因此，UI设计在各个行业中都有着广泛的应用，包括互联网、移动应用程序、游戏、智能家居、智能穿戴、汽车、医疗等。随着这些行业的不断发展，UI设计的需求也不断增加。

另外，新兴技术的出现也为UI设计带来了更多的发展机遇。例如，AR/VR、人工智能、物联网等技术的应用需要有更为优秀的UI设计来保证用户体验和使用效果。同时，随着智能设备的普及和智能化程度的不断提高，UI设计也将在未来发挥更加重要的作用。在未来很有可能会成为炙手可热的朝阳行业。

当然,随着新兴技术的应用和智能设备的普及,UI设计面临着更多的机遇和挑战。

1. **设计同质化**:随着从事UI设计的人数增加,设计师水平良莠不齐,市场上出现了许多同质化的设计作品,千篇一律,因此需要更有创造力和差异化的设计来吸引用户的注意力。

2. **多平台兼容性**:随着多种终端的出现,UI设计师需要考虑设计的兼容性,确保产品在不同的平台都具有良好的用户体验。

3. **用户体验的高水准**:随着用户对产品体验的要求不断提高,UI设计师需要不断探索、创新,以提升用户体验为核心的设计理念,打造更加优秀的产品。

4. **快速迭代和设计周期压力**:市场竞争加剧,要求产品快速迭代,UI设计师需要在短时间内完成高质量的设计,设计周期和质量带来的压力越来越大。

02

设计基础

2.1 色彩应用基础

色环

色环是一个用来表示不同颜色之间关系的图形。它通常由一组彩色条带或圆环组成，每个条带或圆环上的颜色按照一定的顺序排列，在同一个色环上的颜色可以进行直观地对比。

色环通常有几种不同的三原色表示方法，常见的色环分类如下。

RGB色环：基于红色、绿色和蓝色三种原色的组合。这是最常用的色彩模式之一，通常用于计算机图形学和数字图像处理。在标准的 RGB 色彩空间中，红色的色值为(255, 0, 0)，绿色的色值为(0, 255, 0)，蓝色的色值为(0, 0, 255)。

CMY 色环：基于青色、品红色和黄色三种原色的组合，通常用于印刷行业。在标准的 CMY 色彩空间中，青色的色值为(0, 255, 255)，品红色的色值为(255, 0, 255)，黄色的色值为(255, 255, 0)。

RYB色环：基于红色、黄色和蓝色三种传统艺术原色的组合，这种颜色模式通常用于设计和艺术领域。

色环上的颜色是怎么确定的呢？这里，以RYB12色环举例。

因为我们需要制作的是12色色环，首先绘制出12个圆形，给其中三个间距相等的圆形分别填充红、黄、蓝三原色，此时红、黄、蓝作为一次色。

红色与黄色两两融合成橙色，黄色与蓝色两两融合成绿色，蓝色与红色两两融合成紫色，橙色、绿色、紫色即二次色。

对应相邻的颜色继续两两融合，得到更多的颜色，这些颜色即为三次色，色环就完成了。

> **TIPS** 也可在一开始制作24色色环，按照相同步骤继续两两融合，得到更多种色彩，形成颜色更多的色环。

色相/饱和度/明度

HSB是色彩模型中常用的一种表示颜色的方式，它是由色相（Hue）、饱和度（Saturation）和亮度（Brightness）三个参数组成的。它们分别代表以下含义。

色相（Hue）：色彩在色环上的位置，就是我们所说的颜色，如红色、蓝色、绿色、紫色等。色相用角度值表示，取值范围为0°~360°。在色轮上，红色位于0°，绿色位于120°，蓝色位于240°，其他颜色则在红、绿、蓝之间的相应角度位置上。

保持S和B值不变，通过改变H值，可以得到不同的颜色，如H值是340时，为玫红色；H值是251时，为蓝紫色；H值是206时，为蓝色；H值是20时，为橙色。

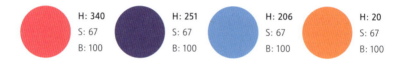

饱和度（Saturation）：色彩的纯度或强度，取值范围为0~100%。饱和度值越高，颜色越鲜艳；饱和度值越低，颜色越浅/暗淡。

左图为拾色器调整S值的界面，等同于右图中拾色器调整H值时，鼠标横向滑动调整颜色的效果。

保证H和B值不变，通过改变S值，可以获得同一色相、不同饱和度的色彩。如下图所示，S值从83变为15时，可以看出颜色从玫红色变为浅粉色。

明度（Brightness）： 色彩的明暗程度，取值范围为0~100%。明度值越高，颜色越明亮；明度值越低，颜色越暗淡。

左图为拾色器调整B值的界面，等同于右图中拾色器调整H值时，鼠标纵向滑动调整颜色的效果。

保证H和S值不变，通过改变B值，可以获得同一色相、不同明暗度的色彩。如下图所示，B值从100变为34时，可以看出颜色从玫红色变为红褐色。

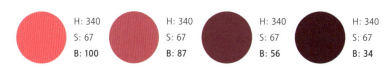

邻近色

邻近色是指在色环上相邻的两种或三种颜色，在色环中相隔约为60°。由于色相的连续性，在色环上邻近的颜色非常相似（如下图所示），因此它们可以用来创建柔和、流畅的色彩及渐变效果。

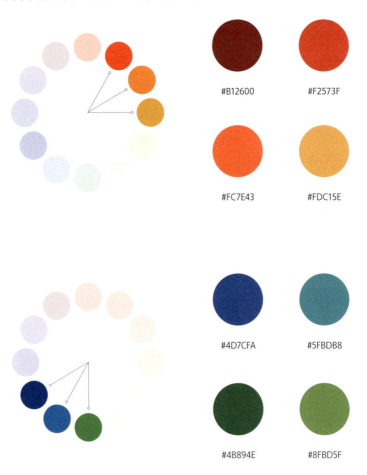

#B12600

#F2573F

#FC7E43

#FDC15E

#4D7CFA

#5FBDB8

#4B894E

#8FBD5F

互补色

互补色指的是在色环上相对的两种颜色，在色环中相差180°，即它们在色环上正好相对于彼此（如下图所示）。例如，红色和绿色、蓝色和橙色等都是互补色。互补色之间的对比非常强烈，可以产生非常明显的对比效果。

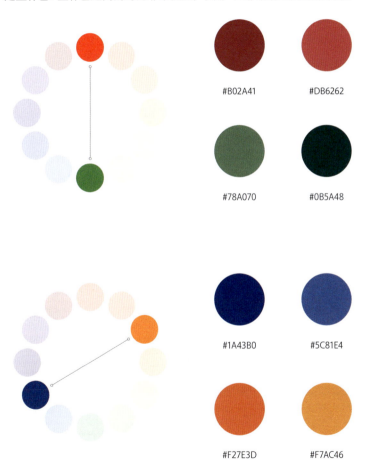

#B02A41   #DB6262

#78A070   #0B5A48

#1A43B0   #5C81E4

#F27E3D   #F7AC46

冷暖色

冷暖色是指在色环上划分出的两个主要色系，即冷色系和暖色系。冷色系包括绿色、蓝色和紫色，它们给人以凉爽、清新、安静、沉静的感觉；而暖色系包括红色、黄色和橙色，它们给人以温暖、明亮、有活力、兴奋的感觉。

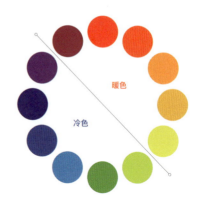

暖色

冷色

● **冷暖色系在设计及生活中的应用**

自然环境： 冷色系的颜色通常与自然中、寒冷的环境相关联，因此它们给人以清凉、安静的感觉。而暖色系的颜色则与太阳、火、热等有关，因此它们会给人以温暖、有活力的感觉。

美食领域: 在设计冷饮、啤酒等产品广告时,可以使用蓝色等冷色系的颜色来突出产品的清凉和舒适感;为快餐店、火锅店等进行设计时,可以使用红色、黄色等暖色系的颜色来营造美味可口、欢快、热烈的氛围。

UI设计领域: 在设计健康、医疗类产品时,通常会用绿色、蓝色、紫色等冷色系来传达理性、客观、冷静、专业的氛围;在设计电子商务类产品时,可以使用红色、橙色等暖色系来提高用户的活力和购买欲望。

服装搭配: 在服装搭配中,冷暖色彩可以用来凸显个性和气质。例如,冷色系的颜色(如灰色、蓝色等)可以让人感到低调、内敛和神秘,适合用于商务场合和成熟稳重的形象;而暖色系的颜色(如红色、橙色、黄色等)可以让人感到热情、活力和自信,适合用于社交场合和时尚潮流的形象。

情感: 冷暖色彩可以用来营造不同的情感效果。例如,冷色系的颜色(如蓝色)可以让人感到冷静、深沉和抒情,适合用于表现内心的痛苦、思考、忧郁和沉思;而暖色系的颜色(如红色、橙色、黄色等)可以让人感到热情、欢快和兴奋,适合用于表现情感的爆发、喜悦和挑战。

渐变色

渐变色是一种颜色变化效果,通过从一种颜色逐渐过渡到另一种颜色,创造出平滑、渐进的色彩变化效果。渐变可以沿着直线或曲线方向渐变,也可以创建径向或角度渐变效果。

渐变色从色值数量上可分为单色渐变、双色渐变、多色渐变等渐变效果,调整渐变色值时可结合前面讲到的色相、饱和度、明度、邻近色、互补色、冷暖色等内容制作更柔和、自然的渐变效果。

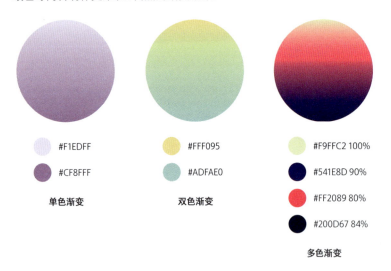

#F1EDFF

#CF8FFF

单色渐变

#FFF095

#ADFAE0

双色渐变

#F9FFC2 100%

#541E8D 90%

#FF2089 80%

#200D67 84%

多色渐变

从渐变样式上可分为线性渐变、径向渐变、角度渐变等多种渐变效果。

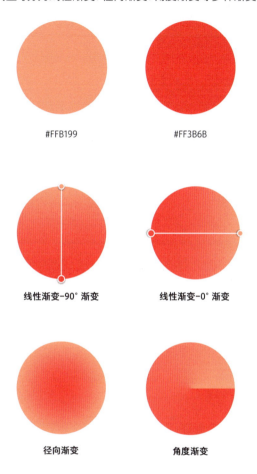

#FFB199

#FF3B6B

线性渐变-90°渐变

线性渐变-0°渐变

径向渐变

角度渐变

在设计中，渐变色常用于移动端卡片、网页端Banner、个人中心背景图、VIP卡片、按钮、图标等一系列元素的装饰，下图案例中相对于左边的纯色，右边的渐变色增强了元素的立体感和视觉吸引力。

RGB和CMYK

RGB和CMYK都是用于描述颜色的色彩模式,但它们分别适用于不同的颜色应用场景。

RGB是指红、绿、蓝三原色(Red、Green、Blue),是在显示器、电视、手机等电子设备上显示颜色的一种模式。在RGB模式下,颜色是由不同比例的红、绿、蓝三种原色混合而成的,可以通过调整每个原色的比例来获得不同的颜色。

CMYK是指青、品红、黄、黑四种颜色(Cyan、Magenta、Yellow、Black),是用于印刷领域的一种颜色模式。在CMYK模式下,颜色是由不同比例的青、品红、黄三种颜色混合而成的,同时加入黑色作为调节颜色深浅的参数,能够准确地打印出颜色。

总之,如果需要将图像在计算机屏幕上显示,则应使用RGB模式;如果需要将图像打印在印刷品上,则应使用CMYK模式。同时,需要注意的是,从RGB模式转换为CMYK模式会导致颜色的变化,因为RGB模式可以显示的颜色范围比CMYK模式要大很多。

色彩情绪

色彩情绪是指不同颜色能够引起人们不同的情感和情绪反应,这些情绪和感受可以通过颜色的特定属性和文化意义来解释。

以下是一些常见颜色的情绪和感受,需要注意的是,不同的文化和传统对颜色情绪和感受的解释可能有所不同。

红色 #CC163A

激情、爱、热情、力量、危险、
愤怒、警示、热度

橙色 #EB901B

创造力、温暖、乐观、友谊、
能量、激励、醒目、喜悦

黄色 #FFD85C

智慧、乐观、阳光、快乐、
希望、友谊、警示、创意

绿色 #06AF1E

自然、成长、健康、生命、
和平、平静、安全、环保

蓝色 #3372DE

信任、忠诚、智慧、深度、
稳定、沉稳、优雅、清新

紫色 #6E12B0

奢华、神秘、品质、魔法、
神圣、灵性、忧郁、优雅

粉色 #FFCDCD

甜美、浪漫、温柔、童话、
柔和、无邪、柔软、健康

黑色 #2D2D2D

神秘、高贵、力量、成熟、
奢华、正式、阴郁、伤感

白色 #FFFFFF

纯洁、平静、简洁、秩序、
自由、无邪、简约、冷静

灰色 #C0C0C0

成熟、稳重、智慧、平衡、
中庸、科技、悲观、冷漠

棕色 #AE7F1A

稳重、自然、土地、温暖、
朴实、健康、厚重、成熟

褐色 #8B4513

稳重、安全、可靠、自然、
温暖、舒适、传统、保守

配色案例制作

依据前面讲到的色相、饱和度、明度的定义及方法来制作界面配色案例。

● 案例1:

绘制一个圆形并填充自己喜欢的颜色,如图a₁所示。将该颜色作为主色调。保持S和B值不变,通过改变H值,得到辅助色,如图b₁所示。当然不同的颜色视觉感官有所差异,也可微调S值或B值,或两项都进行调整,如图a₂与图b₂的对比。

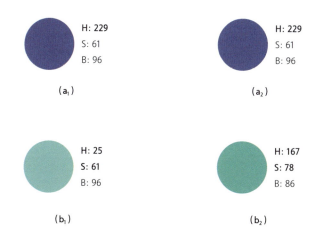

H: 229 S: 61 B: 96 (a₁)	H: 229 S: 61 B: 96 (a₂)
H: 25 S: 61 B: 96 (b₁)	H: 167 S: 78 B: 86 (b₂)

绘制出低保真原型图。用上一步调好的颜色对界面进行填色,图表背景色改为主色调,上传记录按钮改为辅助色。同时,今日运动卡片背景也可调整为主色调,并调整不透明度为10%。

● 案例2:

绘制一个圆形并填充自己喜欢的颜色,将该颜色作为主色调。

保持H值不变,通过改变S跟B值,得到辅助色,如下图所示。

H: 7
S: 71
B: 91

H: 7
S: 5
B: 100

用调好的主色调及辅助色对界面进行填色，如下图所示。

同时，今日运动卡片背景可直接用辅助色，也可调整为主色调并调整不透明度为10%。

2.2 字体应用基础

字体分类

字体是指以特定的方式设计并呈现出来的字形集合。在字体设计中，可以根据其外观和用途对字体进行不同的分类。以下是一些常见的字体分类。

● 宋体

其特点是笔画直、圆、折相间，端庄大方，清晰流畅。其字形较为规整，结构紧凑，对于较长的篇幅具有很好的可读性。广泛用于报纸、杂志、书籍和各种印刷品的排版中，也是计算机中常用的字体之一。

宋体举例：

方正颜宋简体

汉仪家国宋

华康古籍黑檀W7

● 黑体

其特点是字形较为统一，笔画粗细一致，线条明显，结构简洁，形态刚硬，适合用于强调标题、突出重点。广泛应用于海报、广告、标志、标题等设计领域。同时，黑体的视觉冲击力和易辨识度也使其成为计算机中最常用的字体之一。

黑体举例：

汉仪粗黑

华康黑体W3

汉仪力量黑简

● 楷体

其特点是笔画粗细适中，丰满而富有变化，线条柔和流畅，不像黑体那样刚硬，也不像宋体那样清秀，是一种平衡的折中，整个字体看起来十分平衡和谐，用于长篇文字排印具有良好的可读性和舒适感。广泛用于书籍、杂志、报纸和各种印刷品的排版中，也是计算机中常用的字体之一。楷体的字形美观整齐，给人以舒适愉悦的感受，同时也展现出中国书法的优美和艺术性。

楷体举例：

汉仪颜楷

华康乾隆行楷W7

汉仪细行楷W

● 手写体

一种模仿人手书写而制作的字体，具有强烈的个性和艺术性。其特点是多变、自然、生动、个性化，每个字都呈现出不同的风格和特征。广泛用于品牌设计、广告设计、包装设计等领域，能够传达出品牌的个性和创意，提高品牌的认知度。

手写体举例：

汉仪新蒂浪花体

汉仪天云厚墨体

汉仪尚巍刘云体

● **隶书**

其特点是字形方正、规整、紧凑，笔画比较厚重，线条硬朗而有力，每个字的结构都比较简单明了，给人以整洁、利落、清爽的感觉，用于公文、牌匾、碑铭等的书写，适合用于官方、庄重等较正式的场合。

隶书举例：

汉仪大隶书

华康隶书体W7

汉仪润隶

衬线体/非衬线体

衬线体和非衬线体的区别是字体在字形上是否有"衬线"(serif)。衬线是指字形的笔画首末端点或交叉处存在向外突出形成的小线条,小线条可以采用直角、圆角、斜角等,使字形看起来更加端庄、稳重。

衬线体是指在字形的首末端和交叉处有衬线的字体,如宋体、Times New Roman、Didot等。衬线体的特点是字形端庄、稳重、具有历史感,适合用于正式、传统的场合。

非衬线体是指在字形末端和交叉处没有衬线的字体,如微软雅黑、思源黑体、Arial、Helvetica、DIN等。非衬线体的特点是字形简洁、现代感强,适合用于设计、数字化媒体等场合。

衬线体

非衬线体

iOS系统/Android系统/PC设备常用字体

● 不同设备默认字体一览表

	iOS	Android	PC
中文	**苹方**	**思源黑体**	**微软雅黑**
英文	**SF UI**	**Roboto**	**Arial / Verdana**

 1. iOS系统中的SF UI字体是由苹果公司在 iOS 9 及之后版本中使用的英文字体，替代了之前的 Helvetic；

2. 由于产品迭代较快，可根据具体需求选择符合产品主题的字体。

字体搭配实例

字体搭配是指在设计中将多种不同的字体组合使用，根据设计的目的和需求选择适合的字体，并灵活运用不同的搭配技巧，以达到良好的视觉效果，并传达设计意图。

● 案例1:

用"平安喜乐"这个祝福语文本进行设计。我们想让它更有力量、更稳重一些，就选择一款厚重结实的字体来作为主文案字体。副文本起到点缀效果，我们选择一款更流畅、自然、潮流、时尚的英文字体来中和"平安喜乐"的力量感，使整体更年轻、和谐。

● 案例2:

用"西瓜味的夏天"这个文案来进行设计。这句话会让我们联想到甜美、可爱、清凉、俏皮的感觉，所以在选择字体时，选择了一款比较有可爱感的字体，搭配手绘符号及图标来搭建整体版面。

● 案例3:

"禅意"这两个字给我们的直观感受就是中国风、传统、古风、文艺等，字体可选择书法体、隶书、宋体等偏传统、文艺风格的字体，错位排版并搭配印章更能体现禅意的文本意境。书法体作为主文案时，副文本可选择非衬线体作为点缀。

2.3 排版设计基础

平面设计的四个基本原则为对比、对齐、重复、亲密性。该基本原则适用于各个设计领域。

对比及实例讲解

对比是指通过调整颜色、大小、形状、字体、留白等来突出主题、信息或关键点，从而加强视觉效果及可视性。对比可以使设计更具吸引力和表现力。

● **案例1：**

通过加粗关键词、增大关键词字号，并调整关键字色彩来形成更强烈的对比。

全场低至五折
双十一大促

全场低至五折
双十一大促

案例1

● **案例2:**

通过给关键词信息添加色块来突出关键词。

XIER DESIGN   XIER DESIGN

案例2

对齐及实例讲解

对齐是指在设计中将不同的元素沿着一个或多个共同的轴线排列,从而创造出视觉上的平衡感、和谐感,使设计看起来更加整洁、有序和统一,同时使用户更容易理解。

● **案例:**

名片上的文本信息随意摆放会让看的人感觉杂乱无章,毫无头绪。我们可以让文本左对齐,让版面看起来更统一规整,当然也可以采用居中对齐、右对齐等对齐方式。我们按照阅读顺序绘制一条视觉引导线,就能清晰地看出,对齐之后用户的阅读效率及阅读体验感有明显提升。

芽岭市景民区秀屿路102号

tel: 184 9689 2179

e-mail: xier@gmail.com

www.xieruidesign.com

芽岭市景民区秀屿路102号

tel: 184 9689 2179

e-mail: xier@gmail.com

www.xieruidesign.com

重复及实例讲解

重复是指在设计中使用相似的元素或模式，如颜色、字体、形状、样式等应保持一致，从而创造出视觉上的一致性和连贯性，使设计看起来更有条理、更统一，易于理解。

值得打卡的网红景点
Venezia Italy
毕业季最适合旅行的十大网红景点推荐，旅游攻略附上…

值得打卡的网红景点
Venezia Italy
毕业季最适合旅行的十大网红景点推荐，旅游攻略附上…

十大适合情侣旅行的城市
Moab United States
从日出到日落，从高山到湖泊，我们一起走过了100多个城市…

十大适合情侣旅行的城市
Moab United States
从日出到日落，从高山到湖泊，我们一起走过了100多个城市…

这些海滨城市太美了
Albuquerque United States
夏天到了，推荐景美又好玩的热榜海滨城市，去尽情体验…

这些海滨城市太美了
Albuquerque United States
夏天到了，推荐景美又好玩的热榜海滨城市，去尽情体验…

亲密性及实例讲解

亲密性是指设计中相似或相关的元素应该被组合在一起，形成一种视觉联系和统一感。这个原则可以帮助设计师创造出一个整洁、有序和易于理解的设计。

● 案例：

名片上的文本信息随意摆放会让用户感觉杂乱无章，毫无头绪。依据亲密性原则，相关元素应当组合在一起，形成一个视觉整体。我们将版面顶部、中部、底部文案相关联信息进行分组展示，同时也用到对齐原则，让整体文本左对齐，使版面看起来更统一规整，当然也可以采用居中对齐、右对齐等对齐方式。顶部文本 "XIER DESIGN STUDIO" 加粗并放大字号，中部文本 "西尔" 加粗放大字号并调整颜色，用到了前面讲到的对比原则。

XIER DESIGN STUDIO
西尔设计工作室

西尔

工作室主理人

XIER DESIGN STUDIO
西尔设计工作室
西尔
工作室主理人
芽岭市景民区秀屿路102号
tel：184 9689 2179
　　　e-mail：xier@gmail.com
www.xieruidesign.com

芽岭市景民区秀屿路102号
tel：184 9689 2179
e-mail：xier@gmail.com
www.xieruidesign.com

综合实例讲解

对比、对齐、重复、亲密性这4个设计原则是密不可分的，版面中通常会用到其中一个或多个设计原则。

● 案例1：

下图中我们可以看到手机号、归属地及通话日期等信息分组不明确，用户不能快速、清晰地分辨出"17172763557"这个号码的归属地是"江苏苏州"还是"安徽合肥"。

依据亲密性原则，号码、归属地及通话日期应当作为一个视觉元素出现，我们通过增大组之间的间距，并使用分割线隔开每组信息，帮助用户更高效识别和理解界面内容，同时使设计看起来更加舒适和自然。

同时，通过加大关键字字号、加粗关键字并调整字体颜色，弱化辅助信息等方法，形成了强烈的对比，这里体现的是上面讲到的对比原则；

手机号、归属地、分割线左对齐，通话日期右对齐，运用了对齐原则；

每组信息为一个视觉元素，共4组信息构成了4组重复元素，运用了重复原则。

最近通话		**最近通话**	
180 5801 4659	21:04	**180 5801 4659** 江苏 苏州	21:04
江苏 苏州			
171 7276 3557	17:09	**171 7276 3557** 安徽合肥	17:09
安徽合肥			
156 8468 7274	星期六	**156 8468 7274** 浙江杭州	星期六
浙江杭州			
184 9689 2179	星期五	**184 9689 2179** 陕西西安	星期五
陕西西安			

● 案例2：

当一组卡片信息无序放置在卡片上时，用户想要快速获取到卡片上的关键信息就会有点吃力，因此我们需要对相关信息进行分组。

根据亲密性原则，相关元素应当被组合在一起，形成一个视觉元素，持卡人为一组，有效期为一组进行组合排版；

通过增大卡号字号、加粗卡号字体，弱化持卡人、有效期这类提示性信息，引导用户更高效地提取信息，运用到了对比原则；

"UnionPay"、卡号、持卡人有效期信息这几组信息左对齐，运用了对齐原则；

背景上的两个高斯模糊处理过的圆形二次使用，运用了重复原则。每组信息为一个视觉元素，共4组信息构成了4组重复元素，也运用了重复原则。

03

设计规范/图标/投影及要点提示

3.1 设计尺寸规范

历经多年发展，智能手机已经有了各种尺寸和类型的设备。以iPhone为例，iPhone从初代发展到现在，推出了不同大小、不同分辨率的型号，从最初的单倍图，发展为iPhone X的3倍图；屏幕也从最初的矩形屏幕，发展到现在的齐刘海/灵动岛/底部指示器等新形态。现在市场主流的UI设计稿尺寸往往以iPhone X或前几年的iPhone 6尺寸为基准。接下来，我们就这两种尺寸为例来概述相关的设计规范。更多规范及使用实例在第7章"案例实战制作"中讲解。

机型	屏幕分辨率（pt）	设备分辨率（px）	倍数	状态栏（pt）	导航栏（pt）	标签栏（pt）	指示器（pt）
iPhone X	375×812	1125×2436	@3x	44	44	49	34
iPhone 6	375×667	750×1334	@2x	20	44	49	/

3.2 图标分类及要点提示

图标风格分类

● 线性图标

线性图标可以简单地理解为以线条为基本元素进行设计的图标，突出了图形的简洁性和几何感。在设计线性图标时，需要注意线条的粗细、长度和间距等因素，以保持整体的视觉效果。线性图标由于线条简洁，因此能够提高在不同背景下的可读性及辨识度；现代化的设计风格，能够强化品牌形象；线性图标言简意赅，使用户能够快速准确地了解对应内容的含义。

KEEP

薄荷健康

● 面性图标

面性图标通常由简单的几何形状和线条组成，是一种扁平化的图标设计风格。它减少了传统图标的立体感、纹理感，通过简单的图形表达，更加清晰、易于理解、辨识度高、简约大方及可读性强。

36氪

夸克

● 双色线面图标

双色线面图标采用形状、线条与简单的色彩相结合的表现形式,增强图标视觉效果。通常情况下,双色线面只填充一种颜色,而另一种颜色用于线条和边框的绘制,并且填充色一般为品牌色,更能强调品牌调性。双色线面图标具有较强的表现力、较高的辨识度和对比度,可读性也比较强。

● 渐变色图标

渐变色图标是一种采用渐变色作为图标填充或线条表现形式的图标设计风格。渐变色图标可以采用品牌色或主题色的渐变组合,可以使用两种或更多颜色的渐变组合来表达图标的含义,使图标更具有层次感和立体感,更能突出品牌的特色和风格,增加产品的辨识度及表现力。

百度网盘

美团

● **毛玻璃图标**

毛玻璃图标是一种仿照毛玻璃效果的图标设计风格,通过对图标的背景进行模糊和透明处理,使图标具有一定的虚实感和层次感,提高了美感和辨识度,突出了品牌特色,使得整个产品更加美观和协调。

36氪

二手车之家

● 轻拟物图标

轻拟物图标模仿现实生活中物品的形状，一目了然。这种图标通常采用扁平化的形状和明亮的颜色，结合轻微的阴影和渐变高光等处理方法，使得图标更加具有立体感和层次感，同时又保持了扁平化的简洁风格，使得图标更加现代化，品牌识别性强。

● 写实图标

写实图标具有真实的质感和细节，尽可能地模拟真实世界中的物品和场景。写实图标通常采用真实物品的颜色、纹理、阴影等来呈现，使得图标更加生动、直观。这种图标风格的优点是可以提供极高的可视化效果和清晰的细节表达，为用户提供更好的视觉体验。缺点是通常比其他风格的图标绘制过程更烦琐，因为需要更多的细节和更高的精度。

LoFi Cam

Chic

Dazz相机

ProCCD

图标设计要点提示

● 大小统一

在绘制图标时，最基础的一点就是要保证整组图标在视觉上保持大小统一，以确保图标的整体比例是协调的。

图（a）这组图标，你是否能一眼发现出问题所在呢？很明显，第三个文件夹图标大小与其他图标大小明显不统一，我们需要调整其大小，如图（b）所示，整体图标大小统一。

新手无法准确判断整体图标大小是否统一时，可给每个图标绘制一个等大的色块置于图标底部使用，用来辅助我们衡量图标大小，如图（c）所示。

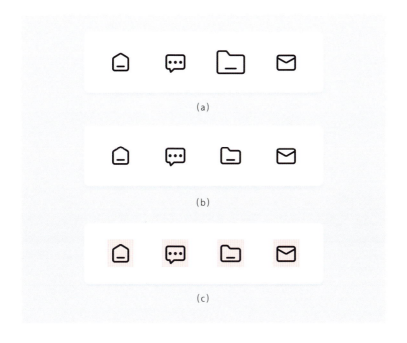

(a)

(b)

(c)

● 描边粗细

在绘制线性图标时，为了保持整体图标大小统一，留白/呼吸感统一，还需要关注图标的描边粗细。

下图（a）组图标，很容易发现第一个"首页"含义的图标描边粗细跟其他图标不统一。通过优化，调整为图（b）组版本的图标后，整体观感是不是更自然舒适了呢？

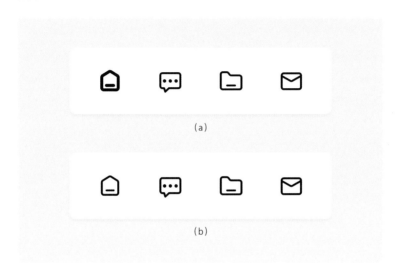

(a)

(b)

● 线面统一

在绘制线面图标时，除了要保持大小和谐，还要关注整体图标构成是否统一。你能否看出下页上图中（a）组图标中不一致的地方呢？

其他图标都具有线面结合的特征，最后一个语音图标全部由线条绘制而成，很明显不符合整体图标风格。现在我们把语音图标上半部分改成几何面，如下页上图中（b）组图标所示，整体是不是更自然统一了？

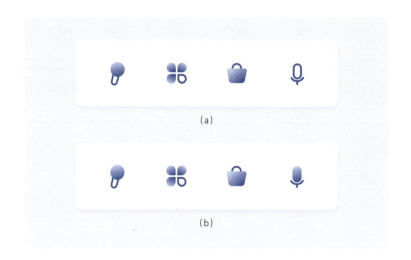

(a)

(b)

● 特征统一

在绘制稍微复杂一些的图标时, 除了关注最基本的大小、描边粗细、线面统一等要点之外, 还需要更深入地观察图标特征细节是否统一。

你能看出下图(a)组图标有哪些细节不统一吗? 在其他图标都有圆角特征的时候, 第二个书本的图标却采用了直角; 在其他图标顶层都具有装饰性小元素的时候, 最后一个奖章图标却没有。找出特征不统一的图标之后, 优化调整为下图(b)所示图标。

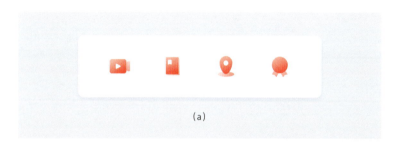

(a)

(b)

● **避免存在小数点**

在绘制图标时, 如果图标数值存在小数点, 那么导出时图标边缘会存在锯齿, 比较模糊, 影响用户观感 (如下图左边图标所示)。

因此, 绘制图标时需保持图标数值为整数, 这样导出的图标边缘会比较清晰, 不会有锯齿。

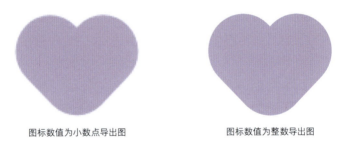

图标数值为小数点导出图   图标数值为整数导出图

● **识别度**

图标应具有明确的形状及含义, 应简单明了, 不应过于复杂, 以便用户能够轻松地识别和理解。

绘制图标时, 应去掉冗余的元素, 保持最基本的形状及笔画即可。如下页图中, 左图的图标就过于烦琐, 辨识度比较低, 而右图简洁明了, 只保留了小扫帚的外观, 能让人迅速识别。

3.3 投影及制作方式

影响投影的参数

当我们想要绘制自然、柔和的投影时，需要先了解哪些元素会影响到投影。当我们用UI工具绘制一个矩形时，给矩形添加投影，软件会给出一个默认的投影值，参数包括颜色色值(Color)、不透明度（Alpha）、X值、Y值、模糊值(Blur)和扩展值（Spread）。

通过调整不同参数的值来对比看看不同的投影效果。

矩形（a）为软件默认投影效果；矩形（b）调整了Y值、模糊值和扩展值，得到的投影效果比矩形（a）的投影更合理一些，但还是比较生硬，投影看上去有点厚重；矩形（c）调整了颜色色值及不透明度，让整个投影更自然、通透、合理。

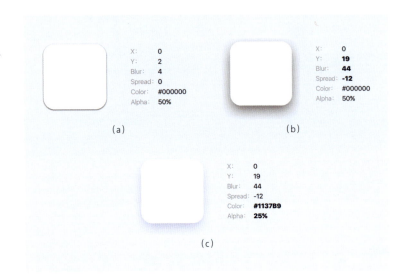

(a)

X:	0
Y:	2
Blur:	4
Spread:	0
Color:	#000000
Alpha:	50%

(b)

X:	0
Y:	**19**
Blur:	**44**
Spread:	**-12**
Color:	#000000
Alpha:	50%

(c)

X:	0
Y:	19
Blur:	44
Spread:	-12
Color:	**#1137B9**
Alpha:	**25%**

投影制作方式

我们了解了影响投影的参数,绝大部分的设计都可以通过调整这些参数的值来满足设计需求。需要注意的是同一个参数设置可能会有不同的投影颜色,这是因为投影颜色会根据背景色或元素本身的颜色而变化的(也就是所谓的环境光),比如背景色是红色,投影就会呈现为红色,背景色是蓝色,投影就会呈现为蓝色。

除了上面的投影方式，还有形状/高斯模糊投影等投影方式。用矩形工具绘制矩形（a），填充为白色；再复制出一个矩形（b），调整其色值并添加高斯模糊值；将矩形（b）缩小，调整不透明度，并置于矩形（a）的底部即可。

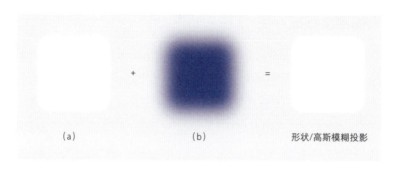

(a)　　　　　　　　　　　(b)　　　　　　　　　形状/高斯模糊投影

形状/高斯模糊投影的原理也适用于为图片制作投影，步骤同上：选择一张图片，复制一张并进行高斯模糊处理，进行缩小处理及不透明度的调整之后，置于原图片的底部即可。

3.4 切图命名规范及要点提示

切图命名规范一览

UI切图是将UI设计稿转化为前端开发所需的图片和素材的过程,以便前端开发人员在实现页面布局和交互效果时能够使用,是设计和开发协同的重要环节,也是提高页面性能和用户体验的重要手段。UI设计切图时应遵循一些标准和约定,以确保切图的质量和效率,其中,切图的命名规范就是很重要的一个标准。

UI切图命名规范通常是由设计师和前端开发人员协商确定的,以便前端开发人员能够快速地找到所需的图片和素材,并且能够提高代码的可读性和可维护性。UI切图命名一般要遵循以下几个原则。

1. 使用有意义的命名:图片和素材的命名应该具有描述性,能够表达出它们的作用和用途,例如"img"表示图片,"user"表示用户。

2. 采用下划线分隔符:使用下划线分隔符来分隔单词,例如"icon_search.png"表示搜索图标。

3. 使用数字序号:如果有多个相似的图片或素材,可以使用数字序号来区分它们,例如"bg_01.png""bg_02.png"等。

切图命名规范一览表

简称	含义	应用
bg	背景	bg_header：页面头部的背景图片
icon	图标	icon_search：搜索图标
btn	按钮	btn_submit：提交按钮
arrow	箭头	arrow_right：右箭头
line	线条	line_divider：分割线
logo	品牌标识	logo_apple：苹果标识
img	图片	img_banner：广告横幅
avatar	头像	avatar_user：用户头像
tag	标签	tag_sale：促销标签
input	输入框	input_search：搜索输入框
tab	选项卡	tab_home：首页选项卡
menu	菜单	menu_nav：导航菜单
header	页面头部	header_nav：导航栏
footer	页面底部	footer_links：底部链接

切图要点提示

图片优化：在进行UI设计切图时，banner图、引导页、背景图等一些图片需要进行优化，以减少加载时间。在保证图片质量的前提下，可以使用图片压缩工具进行优化。

 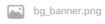

| 压缩前 | 压缩后 |

文件格式: 在进行UI设计切图时, 需要选择合适的文件格式, 以便于保持图片的清晰度和颜色准确性。例如, 照片和图像可以使用JPEG格式; 图标和线条等可以使用PNG或SVG格式, 保证图标在不同的屏幕尺寸下都能保持清晰度。有些加载动画则需要gif格式等。

尺寸规范: 在进行UI设计切图时, 需要保持元素的尺寸统一, 否则可能会出现图片拉伸变形的情况。确认元素的尺寸还可以用前面讲的画矩形色块的方法。

3.5 不同交互手势操作

在UI设计中, 交互操作手势是用户与界面进行互动的方式之一, 常见的交互操作手势如下。

1. 点击（Tap）：用手指轻触屏幕以触发操作。设备上的绝大部分操作都由点击完成，这是最基本、最常用的操作。如点击打开应用、点击发送键发送消息、点击输入框输入信息、点击头像进入个人中心等操作。

2. 双击（Double Tap）：用手指快速连续轻触屏幕以触发操作。例如各个平台双击点赞、微信双击拍一拍、双击开始/暂停视频、双击放大图片等操作。

3. 长按（Long Press）：用手指长时间按住屏幕以触发操作。例如长按复制文本、长按发送语音、长按桌面应用图标进行调整或删除、长按删除短信息等操作。

4. 滑动（Swipe）：用手指在屏幕上快速滑动以触发操作。滑动通常用于浏览、翻页、删除等操作，例如刷短视频上下滑动、左滑删除聊天框、相册上下滑动查看照片等操作。

5. 拖曳（Drag）：用手指按住界面上的物体并移动手指以触发操作。拖曳通常用于移动、排序、拖放等操作，例如长按之后桌面应用拖曳移动位置、拖曳最近使用的小程序进行删除等操作。

6. 捏合（Pinch）：用两个手指同时向内或向外移动以触发操作。捏合通常用于缩放、旋转等动作。

7. 摇晃（Shake）：用手持设备来回晃动以触发操作。例如发送消息时，晃动手机撤销、闪屏广告晃动手机进入广告等操作。

这些交互操作手势是在移动设备上常用的手势，通过这些手势可以快速、高效地完成各种操作。在UI设计过程中，根据实际需求选择合适的交互操作手势，同时还要考虑到用户的习惯和反馈机制，以提高用户体验。

04

设计常用法则与定律

4.1 席克定律

席克定律是一条关于选择反应时间和选项数量之间关系的定律，它指出选择一个选项所需的时间与可供选择的选项数量成正比。具体来说，席克定律表明，当选择的选项增加时，用户需要更长的时间来做出决策。在UI设计中，遵循席克定律时需要注意以下几点。

1.在设计功能和操作时，要避免在界面中同时呈现过多的选项。根据任务和用户需求，提供有限但明确的操作选项，可以通过合并相关的选项、使用下拉菜单或侧边栏等方式来实现。例如，小红书希望用户通过微信登录，因此把其他登录方式归为一类；QQ把次要功能（创建群聊、加好友/群、扫一扫、面对面快传、收付款等）收纳在"+"号里面，以减少用户需要浏览和选择的选项数量。这些手段都能减少用户的选择时间和决策难度。

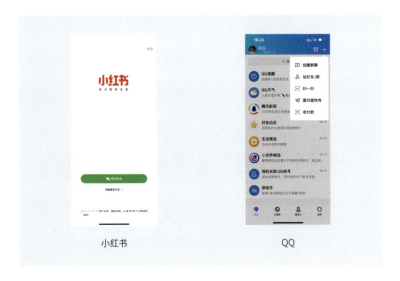

小红书   QQ

2.尽量减少菜单中选项的数量。这可以通过把相关的选项合并成组，使用下拉菜单、选项卡或侧边栏等方式来实现，减少用户需要浏览和选择的选项数量，提高导航的效率。下图（a）是所有菜单混合在一起的状态，选项太多，用户需要花很多时间浏览；而下图（b）采用选项卡分组的样式，每个选项卡下面再列出细分的选项，这样用户就能够快速找到所需的选项，减少决策时间。比如BOSS直聘按照学历、薪资、经验分为对应的组，"学历"这组里面再展示学历对应的筛选条件；再比如贝壳找房的筛选条件按照区域、价格、房型等来划分，"房型"这组里面再挑选居室、户型等。这种处理方式能极大地减少用户选择选项时所消耗的时间。

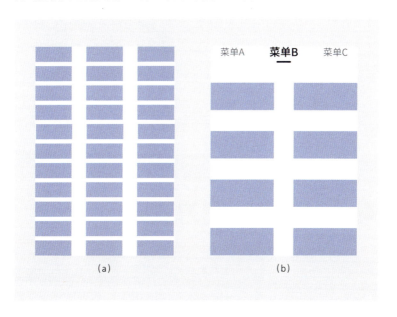

(a)　　　　　　　　　　　　(b)

BOSS直聘 贝壳找房

4.2 奥卡姆剃刀法则

奥卡姆剃刀法则，也被称为奥卡姆的剃刀原理，是一条基于简洁性和经济性的科学和哲学原则。该原则最早由威廉·奥卡姆提出，他认为"在同样解释问题的情况下，不应引入不必要的实体"。奥卡姆剃刀法则给UI设计的启示是不要在界面上加入不必要的元素。遵循这个原则，我们在设计中要注意以下两点。

1. 设计师应该根据用户需求和使用场景，将设计精简到最核心、最关键的元素及功能，避免过多的功能和操作选项，使界面更清晰、易于理解和操作，使用户能够更快速地完成任务。比如百度和谷歌的搜索入口，摒弃掉不常用的功能内容，只保留基本的搜索框及语音、图片识别功能。

百度搜索 谷歌搜索

2. 在设计表单时，应尽量简化字段的数量和要求。去除不必要的字段和冗余的信息，以提供更流畅和快速的填写体验。

比如有些游戏产品要限制青少年的登录和使用时间，注册账户时需要提交年龄信息。在下图（a）填写出生年月信息表单之后，程序会自动计算用户年龄，那下面的年龄表单就是冗余，遵循奥卡姆剃刀法则，只保留必要的表单信息，应删除年龄一栏，如下图（b）所示，使用户能够更容易填写和使用功能。

（a） （b）

4.3 菲茨定律

菲茨定律的核心原理是目标的大小和距离决定了移动的时间和准确性。菲茨定律指出，指向一个目标所需的时间与该目标的大小成反比，与指针起点与目标之间的距离成正比。根据菲茨定律，我们可以增加按钮和操作元素的大小，以提高用户点击的准确性和效率。较大的目标更容易被用户注意和触发，减少了误触和不准确点击。比如Keep的"开始"按钮相对其他按钮更大更显眼，方便用户更快捷、准确地点击；闲鱼的"卖闲置"按钮也是同理，引导用户快速发布闲置。

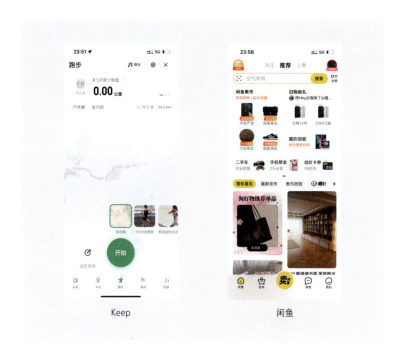

Keep   闲鱼

4.4 米勒法则

米勒法则与人类的短期记忆容量有关。米勒法则指出,人类的短期记忆容量大约为7±2个信息单元,也就是5~9个信息单元。

在设计导航和菜单时,限制菜单项的数量就是遵循米勒法则中的"7±2"原则。过多的选项会给用户带来认知负荷,使其难以记忆和选择。因此,在很多网站导航栏菜单数量不会很多,会把更多导航信息放在图标"…"中,比如知乎的导航菜单是5项,蒂芙尼的是7项,站酷的是7项。

知乎

蒂芙尼

站酷

米勒法则也适用于移动端。由于人类记忆容量有限,为了让用户更准确记住主要模块内容,减轻用户的记忆负担,在绝大部分移动端App在设计底部标签栏时,都会将数量控制在3~5个,一般不会超过5个。

支付宝　　　　　微信读书

米勒法则同样也适用于产品标语。标语一般比较简短，在4~9个文字之间，便于用户记忆，提升品牌认知度。比如小红书的标语"标记我的生活"，淘宝的标语"太好逛了吧！"，Keep的标语"自律给我自由"，京东的标语"多·快·好·省"，等等，都是这个法则的体现。

小红书

淘宝

Keep

京东

在平时工作生活中，也随处可见米勒法则的应用。

在输入和记忆数字序列时，米勒法则可以帮助我们将冗长的数字序列进行模块化处理，减轻记忆难度。例如，在输入电话号码、银行卡号或其他重要数字时，将其分割成多个模块，以减轻记忆负担，如电话号码分为xxx-xxxx-xxxx，银行卡号分为4个数字一组，xxxx-xxxx-xxxx-xxxx。

设计师在排版数字内容时，应注意将数字按照易于理解和记忆的方式进行格式化，以提高可读性。使用适当的标点、分组符号，帮助用户准确理解数字的含义和大小，如金额51,640.87元，使用逗号间隔后，每三位数字为一组，便于用户识别和理解。

1212 2323 3434 4545	184 9689 2179	51,640.87
卡号	手机号	金额

4.5 冯·雷斯托夫效应

冯·雷斯托夫效应也被称为隔离效应，它描述的是在众多相似的元素中，一个与众不同的元素更容易被记忆和注意到。这个效应启示设计师可以从设计上引导用户的注意力和记忆，从而提升用户体验。

弹出窗口和提示框使用不同的颜色或形状，可以更好地与主页面区分开来，让用户可以更快地注意到它们，阅读其中的内容或指示，并点击使用。下图中的支付宝和饿了么的弹出窗口都是这一效应的体现。

支付宝   饿了么

通过在设计中使用对比鲜明的元素、色彩或形状，突出显示希望用户可点击或可交互的元素，提高这些元素的可识别性和可点击性，可以让用户更容易区分和记忆不同的内容，提高用户的交互体验。例如下页图中的支付宝和贝壳找房在希望用户点击的项目上增加了一个红色气泡，引导用户的注意和点击。

支付宝

贝壳找房

4.6 防错原则

防错原则,也称为防御性设计原则或防止错误原则,是指在设计和开发过程中采取措施,以预防并减少错误的发生,从而提高系统的可靠性和安全性。防错原则在UI设计中起着重要的作用,旨在帮助用户避免错误,并在错误发生时纠正错误,从而降低风险。在UI设计中实施防错原则,可以提高用户界面的友好性、可靠性和安全性。下面是三个运用防错原则的案例。

1. 为用户提供明确的指导和引导,确保他们能够正确地完成互动。例如,使用清晰的标签、说明文本和指示符来引导用户填写表单或完成操作。例如,下图就是用户登录时,网页提示用户按照正确的格式填写。

2. 当用户需要卸载App时,为了避免用户误操作,系统会在用户点击移除App之后再次询问用户是否删除,用户确认之后,系统才会删除App。同样的道理,我们在执行永久性删除文件的操作时,通常系统也会再次询问用户是否确定删除,确定之后才会执行操作。

Sketch Mirror

Sketch Mirror

3. 用户在填写注册账号表单信息时，系统通常会给予用户提醒，明确告知哪一项表单填写错误及错误原因，而不是只给到"您填写的信息有误"之类的提示语，让用户自己去一项一项地检查核实。如右图中，用户在创建新账号时，两次填写的密码不一致，网页就给出了明确的提示。

4.7 渐进式披露

渐进式披露是一种UI设计策略，旨在管理和展示信息的复杂性。运用该策略设计的界面能隐藏不必要的信息，在用户需要时才逐步显示更多细节，从而减少干扰和复杂性。这种设计方法有助于提供简洁、直观的用户界面，同时保持必要的信息量和功能。以下是渐进式披露原则的几个具体应用。

折叠和展开内容：在界面上使用折叠或展开的方式，隐藏较为详细或次要的内容，用户可以根据需要选择主动展开内容，以查看更多细节。这种方法常用于处理长列表、大型表单或包含大量详细信息的页面等。例如站酷的作品篇幅往往较长，因此默认只展示文章的小部分，对内容感兴趣的用户可以点击"展开全文"查看更多内容。

分步引导：将复杂的任务或流程分解为多个简化的步骤，并逐步引导用户完成。每个步骤只展示必要的信息和操作，用户在完成当前步骤后，才会展示下一个步骤，以减少用户的认知负荷。比如注册账号时，填写的表单信息分步骤让用户填写，避免要填写的表单过多引起混乱。

隐藏高级选项: 对于不常用功能, 可以将其隐藏在一个更简洁的界面中, 并提供一个 "高级选项" 或 "更多设置" 按钮。用户只有在需要用到这些选项时, 才会主动点击按钮展示更多选项。例如小红书发布笔记时, 把常用内容归纳在 "高级选项" 里, 点击 "高级选项" 可进行对应内容的设置。

小红书　　　　　　　　　　　　　小红书

4.8 多尔蒂门槛

多尔蒂门槛是UI设计中的重要概念，它强调用户界面的响应速度直接影响用户的工作效率和满意度。这个"门槛"指的是用户感知到界面响应的时间阈值，即界面在多长时间内对用户作出响应，以使用户感到连贯和流畅。研究表明，当界面响应时间低于100毫秒时，用户会感觉操作是即时的；而当响应时间超过1秒时，用户会感觉到明显的延迟和不流畅。

因此，设计师努力在界面设计中追求快速响应和流畅体验，通过减少界面加载时间、优化用户交互响应，确保用户的满意度和效率。

在进行网络请求或加载数据时，界面需要向用户明确地显示加载状态和反馈信息。设计师可以使用加载动画、进度条、页面框架等方式，告知用户系统正在处理他们的请求，减少用户的焦虑和不确定感，提高用户对界面响应的感知，如下图中36氪网站的加载动画和Safari浏览器的加载进度条。

36氪   Safari浏览器

4.9 古腾堡图表

古腾堡图表是一种指导布局设计的理论模型,旨在帮助设计师有效地安排页面上的元素,以引导用户的目光流动和阅读习惯。

根据古腾堡图表,页面布局可分为以下四个区域。

1. 主视区: 位于页面的左上角,是用户的注意力最容易集中的地方。这里适合放置最重要的内容,如标题、主要图片或核心信息。

2. 强视区: 位于页面的右上角,这个区域相对较少吸引用户的目光,适合放置分享、转发、设置等工具类图标及次要模块。

3. 弱视区: 位于页面的左下角,这个区域不太容易引起用户的注意,适合放置辅助信息或其他附加元素。

4. 终视区: 位于页面的右下角,是用户目光的重点,适合放置较重要的操作模块。

用户目光可能会以 "Z" 字形、"F" 字形或者其他字形从主视区开始,穿过强视区、弱视区,最后落在终视区。

古腾堡图表的目的是让设计师在页面布局中考虑用户的阅读习惯和目光流动路径,提供更好的信息传达和用户体验。然而,需要注意的是,实际的设计应该根据具体的内容和用户需求进行调整和优化。这个模型仅提供了一种指导原则,而不是绝对的设计规则。

用户的阅读习惯为从左到右，自上而下，依据古腾堡图表的原理，重要的按钮或信息通常会放置于右下角的视觉终端区域，引导用户点击使用。比如Keep的"取消关注"按钮，以及支付宝基金"定投""买入"的按钮。

Keep　　　　　　　　　　　支付宝

4.10　帕累托法则

帕累托法则，也被称为80/20法则，是一种管理和经济学原则，描述了一种常见的现象：80%的结果或产出往往来自20%的原因或努力。该法则在UI设计和功能优化中也有指导意义。

1. 任务和功能优先级: 根据帕累托法则, 设计界面上的功能和任务时, 有限的资源 (例如时间和精力) 应该优先投入到那些最重要和最有影响力的功能上, 可以最大化用户体验和界面的效能。例如App产品的每次迭代, 官方会优先迭代产品核心功能及用户使用频率较高的模块, 80%的开发成本都消耗在这些模块上, 像设置模块里面的次要信息一般较少更新。

2. 一些涉及定位地点的应用产品, 会打破名称按字母排序的规则。依据帕累托法则, 这些产品会将用户最常使用的城市及站点放在界面顶部, 以便用户更快捷地选择和使用。下图中的美团和BOSS直聘就应用了这一法则。

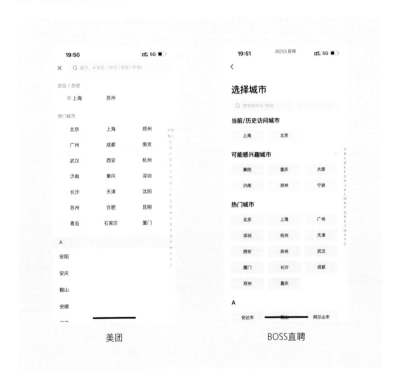

美团　　　　　　　　　　　　BOSS直聘

4.11 帕金森定律

帕金森定律的基本定义是工作总是会延长到填满分配给它的时间。这个定律揭示了人们倾向于将分配的时间全部用完,即使任务实际上可能只需要较短的时间。例如,如果给予一个任务两个星期的时间来完成,大部分人会用完两个星期的时间来完成任务,即使任务本身实际上只需要几天或更短的时间。

因此,将预期完成时间压缩至实际所需的时间,可以提高工作效率和生产力。例如在阅读文章时,网站会告知用户完成任务所需时间,帮助用户决定是否进行阅读浏览;百度下载或上传文件时,会随着任务的进度实时更新所需时间,提升用户体验。

Chiemeka Yobachukwu
5月22日 7分钟阅读

如何更系统全面的学习UI及产出优秀作品集?

	文件名	大小	状态	操作
当前进度 ████ 已完成13% 231.39 K/S 已全部加载,共1个
	📁 字体包-西尔	38.18 M/277.90 M	231.39 KB/S - 剩余时间 00:17:40	‖ 🗑 🔍

4.12 共同命运原则

共同命运原则是心理学中的一个概念，也被广泛应用于UI设计中。该原则指出，人们倾向于将具有相同运动方向、相似特征或相互关联的元素归为一组，并将其视为一个整体。在UI设计中，应用共同命运原则，可以将相关的元素（例如文件、单选框、删除等）以相似的动画或样式呈现，强调它们之间的关联性，并提供清晰的反馈。例如，在iOS中，我们长按某个App的图标准备删除时，主界面上所有App会同时出现删除按钮；百度网盘下载界面同理，可以同时选择多个或全部文件进行下载、删除或分享等操作。这种设计有助于提高界面的可用性和可理解性，使用户能直观地感到界面元素之间的关联性和整体性。

iOS主界面　　　　　　　　　百度网盘

4.13 约束感

约束感是UI设计中常用的原则,它通过给用户提供视觉、触觉或听觉上的反馈,使用户对界面的操作和可行的选项有明确的感知和限制。这一原则的目的是引导用户的行为,并帮助他们理解如何与界面进行交互。

通过使用物理或虚拟的触觉反馈,告诉用户他们的交互动作何时有效或无效,是约束感原则的应用。例如,登录时输入账号,登录按钮是置灰状态;输入密码时,登录按钮变成品牌色,可以让用户知道他们的操作被识别和响应。通过应用约束感,设计师可以减少用户的困惑和错误操作,提供更直观和易于理解的界面交互体验,帮助用户更快速地了解界面的可行操作。

小红书   小红书

4.14 目标梯度效应

目标梯度效应是一种行为心理学中的现象,它指出人们感到自己在接近目标时,会表现出更高的动力和效率。这个效应应用于UI设计中,可以提升用户的参与度,促进用户行为。下面是这一效应的具体应用。

1. 使用进度条或任务完成度指示器,以视觉方式向用户展示目标的实现程度,这样可以激发用户的参与度和动力,激发他们完成任务。例如,在透明标签的问卷测试中,根据进度条可以看出问卷快要结束了,会促使用户更快地完成答题;在薄荷健康中记录喝水量,每记录一次,杯子的水位会上升,这种设计会激发用户尽快装满杯子。

透明标签   薄荷健康

2. 通过引入用户等级制度或级别提升机制，让用户逐渐接近更高级别的目标。这种设计利用目标梯度效应，可以增加用户的参与度，激发他们的动力，并促使他们更积极地参与应用程序或网站中的活动和挑战。

4.15 审美可用性

审美可用性是指用户倾向于认为外观设计精美的产品或界面具有更高的可用性和易用性的心理现象。换句话说，产品的美观性会对用户的使用体验产生积极的影响。这个心理现象在不同设计领域都有体现。

1. 在UI设计中，审美可用性体现在优化界面布局、色彩搭配、字体选择、动画效果及功能模块的直观性等方面，来增强界面的美感和产品可用性。产品的视觉感受及功能可用性会决定用户是否继续使用这个产品。

2. 在家居设计中,审美可用性体现在家具、装饰品和布局的美观性上,创建和谐、舒适、有吸引力的空间。

3. 服装及装饰品设计更强调审美可用性。产品外观更大程度上决定用户是否为其买单,好看的东西能够满足人们对美的欣赏和追求,提供审美上的满足感和享受。

4. 在广告设计中, 审美可用性体现在对视觉冲击力和吸引力的追求上, 通过精心的排版、图像选择和色彩运用, 吸引消费者的关注和兴趣。

5. 如果电子产品或界面具有吸引人的外观、舒适的质感和配色等美学元素时, 用户通常会认为该产品更易于使用、更专业、更可靠, 并且愿意与之互动。即便该电子产品或多或少存在用户不够满意的地方, 美观的设计仍能吸引用户为其买单。

4.16 反馈原则

反馈原则是用户界面设计中的一个重要原则, 它指的是在用户与系统进行交互时, 系统应该及时地给予明确、可理解的反馈。反馈原则的目的是让用户知道系统是否正在处理他们的请求或指令, 以及他们的操作是否成功。

例如, 用户发送完邮件后系统会弹出一个提示框, 提示用户已经发送成功, 如果误操作, 可以撤销刚发送的邮件。

同理, 用户上传文件, 系统可以显示进度条或百分比, 以表示文件上传的速度。

再比如，删除文件时，系统会及时给予反馈（如使用颜色、图标、动画、弹出窗口或提示框等），提示用户删除成功。

应用反馈原则可以增强用户对系统的掌控感和信任感，减少用户的困惑和误操作。明确的反馈能帮助用户理解系统的响应和行为，使用户界面更加直观和易于使用。

4.17 彩虹法则

彩虹法则，也称为彩虹色法则或色彩优先原则，是一种在用户界面设计中使用色彩的原则。根据这个原则，不同的颜色应该被用于区分和表示不同的信息、元素或功能，以增强用户界面的可视化识别和可用性。

在应用彩虹法则时，不同的颜色代表不同的重要等级、任务类别或安全指数等，最直观的应用就是日常生活中路口的红绿灯。在UI设计中，例如薄荷健康中，绿灯食物代表较推荐，黄灯食物代表适量吃，红灯食物代表限量吃。还有我们常用的微信，左滑聊天框后会显示不同颜色的按钮，代表不同的操作安全程度：蓝色"标为未读"较为安全；黄色"不显示"需要用户考虑后再操作；红色的"删除"表示需要谨慎操作。

薄荷健康   微信

再比如用户点击Mac电脑上的窗口或应用程序左上角的红、黄、绿三种颜色的按钮，分别代表不同状态和操作：红色为关闭，提醒用户谨慎操作；黄色为最小化，可以操作；绿色为最大化，可以放心安全操作。

需要注意的是，在使用彩虹法则时，设计师应注意色彩的搭配和使用适度。过多或不合理的颜色使用可能导致界面混乱、视觉疲劳或用户的注意力分散。因此，正确地运用彩虹法则需要综合考虑色彩的意义、情感效应和用户体验的平衡。

05

设计师设计要点与准则

5.1 应用黄金比例配色

6∶3∶1的配色比例被称为黄金配色比例,是一种在设计中广泛应用的色彩搭配法则。其中,主要颜色应占总面积的60%,次要颜色占30%,点缀颜色则占总面积的10%。这种比例关系可以帮助设计师创建视觉上的平衡与和谐。

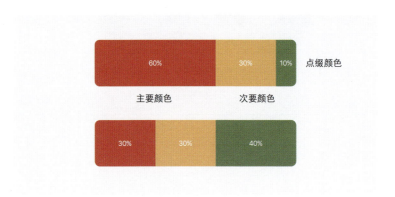

5.2 阴影不是纯黑色

影响阴影的元素及投影制作方式在第3章第3节讲过。这里有一个设计师细节需要注意,阴影不是纯黑色,它是由环境光映射出来的颜色。例如,演唱会红色灯光会将周围物体的颜色都映为红色。同样,元素本身的颜色也会影响投影的颜色。如下图中右边的投影比较自然、通透,而左边的纯黑色投影则显得不真实。

5.3 视觉对齐

下图中的矩形及圆形的大小都为200×200px，由于矩形的面积比圆形大，矩形看上去比图形大很多，在页面上显得不整齐。

为了保持视觉上统一平衡，我们可以把矩形的尺寸调整为186×186px，这样看起来大小更统一。

在设计中很多方面都会用到视觉对齐，比如下图中，图形和三角形物理对齐时（也就是工具上的垂直和水平居中对齐），可以很明显地看到左重右轻，此时需要把三角形向右移动一些像素，达到视觉上的平衡。

物理对齐　　　视觉对齐　　　去掉辅助线　　　添加圆角优化
　　　　　　　　　　　　　　　　　　　　　　　　后的效果

5.4　避免使用纯黑色文字

如果使用纯黑色作为文本颜色，会造成阅读体验不佳，这主要是因为纯黑色文本对眼睛的刺激比较强，可能会导致眼睛疲劳、视觉干扰，甚至让阅读速度变慢，也容易使产品整体的版面更压抑、沉闷。

在优化主文本颜色时，最好使用稍深的灰色或浅黑色代替纯黑色，能减少对眼睛的刺激；也可以融入品牌色调，使文本在更容易阅读的同时也增强了品牌认知度。在优化辅助文本及注释文本信息时，可以在主文本的颜色上继续优化。

Hello , Xier design ● #000000

Hello , Xier design ● #2B3255

Hello , Xier design ● #5B6284

Hello , Xier design ● #AEB1C0

Hello , Xier design ● #0E3A42

Hello , Xier design ● #607A7E

Hello , Xier design ● #AFBCBE

5.5 避免使用纯黑色背景

与5.4节讲到的一样, 文字应避免使用纯黑色, 背景也是同样的道理。很多
情况下都需要避免黑到极致的元素出现, 比如用户需要长时间阅读文本
时, 纯黑色背景可能会导致眼睛疲劳和不适, 降低阅读体验。再比如制作数
据可视化大屏时, 使用纯黑色背景可能会使用户感到沉闷或不适, 在这种
情况下, 可以选择使用其他深色调的背景, 如深黑色或深蓝色。

#000000 #0D1D3C #213351 #162F67

5.6 保证字体识别度

设计中，文本里有英文单词或者拼音时，有些字体的大写字母 "I" 很容易和小写字母 "like" 的首字母 "l" 混淆，所以选择字体时，需要注意字体的识别度，避免给用户造成困扰导致阅读体验不佳。

Adobe Illustrator Adobe Illustrator

5.7 英文与数字避免使用中文字体

英文及数字之所以通常不使用中文字体，主要是因为它们在字形和排版上存在明显的差异（如行距、字间距、对齐方式等）。中文字符通常是复杂的汉字，包含更多的笔画和细节，而英文字符则更简洁、直接，为了保持文本的一致性和整体美观，使用专门为中文和英文设计的字体更能凸显各自的特点。

仔细观察下面的案例: 左边这组文本全部用了思源黑体, 右边的文本中文使用了思源黑体, 英文及数字用了SF-UI字体, 通过观察字母 "l" 及 "g" 的字形区别, 以及单词之间的默认字间距、文本之间的紧凑程度等, 很明显右边这组文本更美观, 可读性更强。

西尔设计
2023 年第 147 期课程
Welcome to the design course

西尔设计
2023 年第 147 期课程
Welcome to the design course

中文: 思源黑体　　英文: 思源黑体

中文: 思源黑体　　英文: SF-UI

5.8 区分按钮层级

当产品界面上有两个或更多的按钮时, 需要通过调整按钮颜色、尺寸、字体、样式等方式来优化按钮, 使用户了解按钮的优先级便于用户进行点击。例如, 在下图所示案例中, 上图中的 "消息" 和 "关注" 按钮优先级相同, 容易给用户造成困扰, 增加用户选择难度及选择时间。我们想让用户点击 "关注" 按钮, 就可以弱化 "消息" 按钮的填充色并缩短按钮长度, 来强调按钮层级, 创建层次结构, 引导用户把注意力放在 "关注" 按钮上。

5.9 控制文本行高

当设计图中包含大量文本时,紧密的排版会给用户造成视觉压力,严重影响阅读体验,这时应适当增大文本行高,减少行与行之间的混淆和干扰,这样不仅能够提高文本的可读性,让用户阅读时更轻松,还能提高版面的美观度,创造更好的视觉层次和结构。

50px Good UI design should focus on user friendliness, consistency, accessibility,
and balance innovation and creativity.

66px Good UI design should focus on user friendliness, consistency, accessibility,

and balance innovation and creativity.

5.10 字体不超过3种

一般来说，在UI设计中使用的字体不超过3种，以保持一致性和简洁性。为了增加视觉层次，强调重点，可以使用字体的不同粗细（如粗体、正常、细体）和样式（如斜体、下划线）来区分不同的信息和内容。有限的字体选择可以使设计更简洁、易读，并提高用户体验。

秋日荡秋千

**放松身心，享受荡在空中的快感
重温无忧无虑的时光**

秋日荡秋千

放松身心，享受荡在空中的快感
重温无忧无虑的时光

06

提升设计感的小技巧

6.1 灵活运用超椭圆

"金刚区"是指位于App首页核心位置的导航区域，是App的主要功能入口，它的重要性不言而喻，因此设计应当更加规范。下图左所示这组图标样式放在金刚区略显单薄，如下图右所示，改为超椭圆样式之后，比圆角矩形更圆润有趣，又比圆形多了一丝设计感，同时可以使整组图标更规范，具有一致性。

6.2 善用卡片

下面这组文本以陈述的方式展示出来，文字较多，干扰用户视线，影响用户体验不佳。而以卡片可视化的方式分隔和组织信息后，信息更加清晰，易于理解。每个卡片代表一个独立的元素或主题，有助于用户快速浏览并定位所需的信息，同时，强调当前处于选中状态的内容，吸引用户注意力，提升用户体验和交互性。

6.3 情感化交互用语

在页面展示"暂无网络""暂无内容""购物车为空""暂无搜索结果"等用户不太期望看到的内容时，需要一个可以描述当前场景的图片、文本或动态效果来告知用户当前发生了什么。如果设计师能够将这些冷冰冰的话语优化为情感丰富、富有人情味的话语，就能在一定程度上增加界面的亲和力。例如，将描述文本"暂无网络"优化为"噢嚯! 网络去度假了。我们一起等待它的归来吧! "，更能吸引用户的兴趣和好奇心，打破了单调和沉闷的氛围，为用户提供愉快的交互体验，增加趣味性，提升整体的用户体验。

暂无网络

"噢嚯！网络去度假了。
我们一起等待它的归来吧！"

6.4 毛玻璃卡片

使用毛玻璃卡片代替白色卡片可以增加层次感和深度，使界面看起来更加丰富和有趣，更具视觉吸引力。毛玻璃效果可以在保留背景元素的同时，使其变得柔和、模糊，有助于减轻背景的干扰，使卡片内容更加突出和易读，增强整体的美感和用户体验。

使用毛玻璃卡片时，需要注意可读性和对比度，特别是当背景与文本或图像之间的对比度不足时，应确保有足够的对比度，便于用户轻松阅读和理解。

6.5 添加背景元素

在背景比较单调时，可以给背景添加渐变效果和装饰性元素，丰富背景版面，提升视觉吸引力和美感。下方右图中，背景运用了渐变效果，并添加了渐变的不规则形状，提升了背景的空间感和层次感，并使界面的元素更加明确，从而提高了界面的可读性和可理解性。

6.6 添加渐变蒙版

在我们制作网站，如果网站头图banner以通栏平铺的样式呈现，且背景跟导航菜单文本融为一体，识别性较低时，可以给导航栏添加一个跟背景同色系的渐变蒙版，并调整一端渐变的不透明值。这样既提升了文本可读性，又强调了banner的调性及氛围感。在移动端的设计中也是同理，当文本可读性较低时，可尝试增加渐变蒙版，让用户浏览起来更轻松、舒适。

6.7 适当调整双边框圆角半径

当两个具有圆角的几何形状同时出现时，为了保持视觉比例和整体的平衡，圆角的半径也要进行相应调整。

如下图左所示，底部卡片圆角与头像圆角都是24px，可以看出底部卡片圆角与头像圆角之间的间距要比两者上边、下边、左边的间距大很多。因此我们相应减小头像圆角，这样可以确保几何形状在不同尺寸下保持一致的外观和视觉美感，如下图右所示。

24px　24px

24px　12px

6.8 添加描边

当我们制作个人中心或其他可以自定义背景的页面时, 当用户头像与复杂背景相融合时, 为头像添加描边可以给头像提供一个明确的边界, 区分头像与背景, 以增强对比度和视觉清晰度。

6.9 善用图标

在制作B端侧边栏菜单或移动端模块时，增加与菜单栏功能和意义相匹配的图标是一种不错的设计。图标可以通过直观的形象来帮助用户更快速地辨识菜单项，加强其表达和传达的效果，使用户更容易理解和记忆，还可以提升整体界面的视觉吸引力，创造更加有趣的用户体验。

6.10 合理选择图表配色

在设计可视化图表之类的模块时，配色尤为重要。暗淡色调、深色调会给用户带来消极的情绪体验。相比之下，明快轻盈的配色方案有助于提高图表的可视性和对比度，增加视觉的吸引力，给人一种轻松、愉悦和友好的感觉。但是，也不能一味地使用明快、轻盈的配色还应考虑数据的类型、图表的用途和目标受众的特点，不同的数据和情境可能需要不同的配色方案，以确保最佳的视觉效果和信息传达效果。请仔细观察下面两张图，体会不同的配色带给你的不同感受。

07

案例实战制作

在第3章第1节我们学习了基础的设计尺寸规范，在这一章我们将通过实例来更详细地讲解界面制作过程中需要注意的事项，以及字体、间距、色彩等规范。

对于新手来说，如果不能准确地掌握界面在移动端显示时的字号、间距、大小等样式，可通过实时预览软件或设计软件的移动端App来查看界面是否存在过大、过小等问题。大多数设计软件都有相应的移动端App，例如，Sketch工具对应的移动端App为Sketch Mirror，Figma工具对应的移动端App为Figma Mirror，即时设计对应的为即时设计，Photoshop对应的为Design Mirror（这款App也同时支持Sketch和Adobe XD），在应用商店里可直接下载。

7.1 旅行类App首页制作

首先，我们来看一个旅行类App的案例。在开始设计之前，我们需要了解界面的功能模块及风格定位。本案例中的旅行类App定位为文艺、简约、清爽、现代、年轻的调性。根据这个调性我们进行了如下设计。下图所示案例模块内容包含导航栏的关注、推荐、本地游玩景点和搜索入口; 用户最常用的主要功能入口放在金刚区, 金刚区下方是"热门景点"模块, 展示了各景点的图片、标题、定位及评分等信息; 再下面一个模块是根据用户出行次数推荐的一些较热门的旅行城市; 最后一个模块是根据用户喜好及浏览过的景点推荐一些较热门的景点供用户参考; 最下面的标签栏为当前App主界面, 分为"首页""圈子""行程"及"我的"。

● 制作步骤 （案例中的参数仅供参考，切勿被限制住创意及思维）

01 按照常用尺寸375×812pt单倍图来制作。因为App调性为文艺类，可给背景添加渐变色凸显产品调性。

02 头部状态栏及底部指示器从组件库调用即可，状态栏高度为44pt，指示器高度为34pt。

导航栏 44pt

#28363B
主文本颜色

#647176
辅助文本颜色

#9FA8AC
解释说明类信息颜色

#FF7E7E
界面辅助色

"推荐"字体信息：苹方（后续如未做说明，中文字体均为苹方）、22号、中黑、#28363B "关注及上海"字体信息：16号、常规、#647176

下划线：#FF7E7E
尺寸：16×4pt

搜索图标：#28363B
描边：2pt
大小：16×18pt（切图时尺寸需大于22×22pt，因为这是用户手指最小可点击区域，再小的话容易误操作或难以点击）

03 导航栏高度与状态栏高度一致，均为44pt。文字颜色须规范统一，调制出主文本颜色、辅助文本颜色及解释说明类信息颜色。关于字体的使用，第2.2节讲到过不同设备所对应的不同字体要求。如果界面用到辅助色，还需要调制出辅助色#FF7E7E，用于点缀、丰富版面。

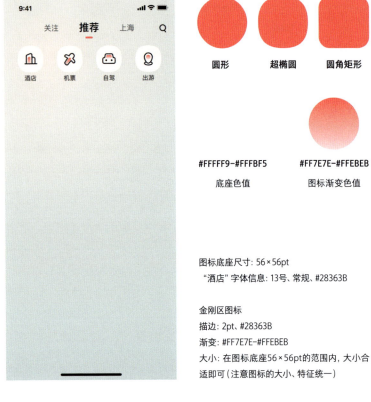

圆形　　超椭圆　　圆角矩形

#FFFFF9–#FFFBF5　　　#FF7E7E–#FFEBEB
底座色值　　　　　　　图标渐变色值

图标底座尺寸: 56×56pt
"酒店"字体信息: 13号、常规、#28363B

金刚区图标
描边: 2pt、#28363B
渐变: #FF7E7E–#FFEBEB
大小: 在图标底座56×56pt的范围内, 大小合
适即可(注意图标的大小、特征统一)

04 金刚区作为产品的重中之重, 是用户点击产品常用功能的入口, 须精
心设计。案例中金刚区图标采用的风格是线面结合的形成, 同时面
使用了渐变色。图标底座使用了超椭圆, 超椭圆介于圆与圆角矩形
之间, 更有设计感, 如下图所示。

"热门景点"字体信息: 16号、中黑、#28363B
"查看全部"字体信息: 12号、常规、#647176

卡片信息
大小: 152×208pt
圆角: 12pt
渐变: #FFFFF9-#FFFBF5
不透明度: 68%

卡片配图信息
大小: 128×128pt
圆角: 6pt （第6.7节讲过双边框圆角半径问题）

"值得期待的夏天"字体信息: 14号、中黑、#28363B
"威尼斯"字体信息: 12号、常规、#647176
"4.9"字体信息: SF-UI字体、11号、中黑、#28363B

"热门景点"标题与卡片信息之间的间距为12pt, 每个卡片信息之间的间距也为12pt

05 案例中"热门景点"模块距离界面左右边距各为20pt, 也可调整为16pt或其他数值。案例中的参数仅供参考, 可根据需求进行调整。但为了保持统一, 数值尽量为4的倍数。

#F6F2EF
云南·大理

#F0F7F4
上海

#F4F4EC
新疆·伊犁

#F1F8F0
泰国·普吉岛

"热门景点"与"热门城市"模块之间间距为28pt

"热门城市"字体信息为16号、中黑、#28363B
"云南·大理"字体信息为13号、常规、#28363B

同上,"热门城市"标题与地点信息之间的间距为12pt,各城市的底框之间的间距也为12pt

06 在"热门城市"模块中,为了区分不同的热门城市,可使用不同的底框颜色,跟整体版面更搭配。

卡片背景信息

大小: 335×80pt

圆角: 8pt

渐变: #FFFFF9–#FFFBF5

不透明度: 53%

卡片配图信息

大小: 60×60pt

圆角: 4pt

"灵感的旅程–文艺之都探寻" 字体信息为14号、中黑、#28363B

"意大利·锡耶纳" 字体信息为12号、常规、#647176

07 在"推荐景点"模块中, 标题字体、字号、色值、粗细、卡片之间的间距等都与上述模块一致, 这里不做赘述。

标签栏点击状态字体信息为10号、常规、#28363B

标签栏非点击状态字体信息为10号、常规、#647176

标签栏图标点击状态
描边: 2pt、#28363B
填充: #FF7E7E
大小: 在18~30pt（具体大小根据标签栏图标个数及图标样式而定）

标签栏图标非点击状态
描边: 2pt、#9FA8AC

标签栏 49pt

08 标签栏采用了较流行的毛玻璃样式，在工具中使用背景模糊即可制作。标签栏高度为49pt，需在49pt的高度内放置标签栏图标及文本。

09 为了最大限度提升工作效率并保证产品的规范统一性，界面中有些模块可创建组件，方便后续调用。例如，"热门景点"的每组卡片信息、"推荐景点"的卡片信息、点击状态及非点击状态的标签栏样式等都可创建组件。

7.2 旅行类App个人中心制作

"个人中心"页面包含用户基本信息头像，订单信息，以及用户发布的动态、点赞过的动态、个人相册等。本节依然以旅行类App的案例为例，讲解"个人重心"的制作方法。"个人中心"页面和7.1节中的"首页"界面同属一个产品，诸多细节一致，可复用上述界面的内容。

● 制作步骤 （案例中的参数仅供参考，切勿被限制住创意及思维）

用户头像大小：60×60pt
用户名称字体信息：20号、中黑、#28363B
用户位置字体信息：12号、常规、#9FA8AC

"204" 字体信息：SF-UI（后续如未做说明，中文字体均为SF-UI）、17号、中黑、#28363B
"关注" 字体信息：12号、常规、#647176

01 界面尺寸及渐变色值同7.1节 "首页" 界面；导航栏左侧三图标及右侧设置图标同7.1节 "首页" 界面第3步 "搜索" 图标的大小、颜色、描边粗细等；标签栏同7.1节 "首页" 界面标签栏，不同的是 "我的" 变成点击状态、"首页" 变成非点击状态。

02 用户基本信息包含用户头像、用户名称、用户所在位置，关注数、粉丝数及获赞量。

卡片背景信息

大小: 335×90pt(同7.1节"首页"界面, 左右边距各为20pt)

圆角: 12pt

渐变: #F6F9F5-#FFFBF5

"我的订单"图标: #28363B

描边: 2pt

大小: 20×22pt(在卡片背景内大小合适即可, 注意图标的大小、特征统一)

"我的订单"字体信息: 12号、常规、#28363B

03　　"我的订单"卡片信息须注意保持图标大小统一; 同7.1节"首页"界面, 左右边距各为20pt, 可以推算出卡片的宽度: 界面宽度为375pt, 左边距20pt, 右边距20pt, 375-20-20=335pt, 即为卡片的宽度。

"动态·2" 字体信息: 14号、中黑、#28363B

"赞过·4" 字体信息: 14号、常规、#647176

下划线同7.1节第3步导航栏的下划线

"2023年" 字体信息: 16号、中黑、#28363B

"5月27" 字体信息: 14号、中黑、#28363B

"旅行, 是一场与世界……" 字体信息: 14号、常规、#28363B

"美国·可可海滩" 字体信息: 11号、常规、#647176

图片信息

大小: 80×80pt (同7.1节"首页"界面, 左右边距各为20pt)

圆角: 8pt

间距: 8pt

04 "我的订单" 卡片模块与上面的 "用户基本信息" 模块及下面的 "动态" 模块间距均为28pt, 与 "首页" 界面不同模块之间的间距保持一致。

7.3 图表类界面制作

在这一节, 我们以一个运动类App中的"运动记录"界面案例来学习图表类界面的制作方法。

"运动记录"界面展示内容为某日的运动时长及消耗热量, 可通过图表来查看某日的数据, 或者从下拉菜单中选择查看每日、每周不同时间段, 以及某日运动数据的分类构成。

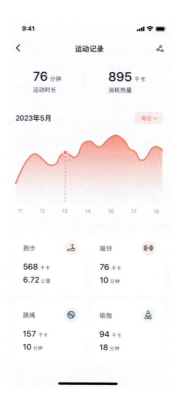

● 制作步骤

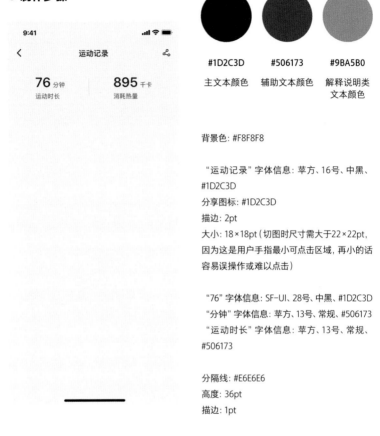

#1D2C3D
主文本颜色

#506173
辅助文本颜色

#9BA5B0
解释说明类
文本颜色

背景色: #F8F8F8

"运动记录" 字体信息: 苹方、16号、中黑、
#1D2C3D
分享图标: #1D2C3D
描边: 2pt
大小: 18×18pt (切图时尺寸需大于22×22pt,
因为这是用户手指最小可点击区域, 再小的话
容易误操作或难以点击)

"76" 字体信息: SF-UI、28号、中黑、#1D2C3D
"分钟" 字体信息: 苹方、13号、常规、#506173
"运动时长" 字体信息: 苹方、13号、常规、
#506173

分隔线: #E6E6E6
高度: 36pt
描边: 1pt

01 同样按照当前主流尺寸375×812pt为标准制作界面, 状态栏及导航栏高度均为44pt, 指示器高度为34pt。

02 调制出界面主文本颜色、辅助文本颜色及解释说明类文本颜色。

"2023年5月"字体信息: 苹方+SF-UI、16号、中黑、#1D2C3D

"11、12、13……"字体信息: 12号、常规、#9BA5B0

"每日"字体信息: 12号、常规、#FF8083

下拉框: #FF8083

不透明度: 10%

曲线描边: #FF8083

描边: 3pt

曲线填充: #FF8083-#FAFAFA（不透明度由100%过渡至0%）

填充整体不透明度: 81%

03 绘制当前月份对应日期的曲线图及可选择每日、每周的下拉框，点击或滑动到某一日即可看到当日的数据记录。这里以5月13日为例，曲线图由描边和渐变组合而成，由两个图层构成。

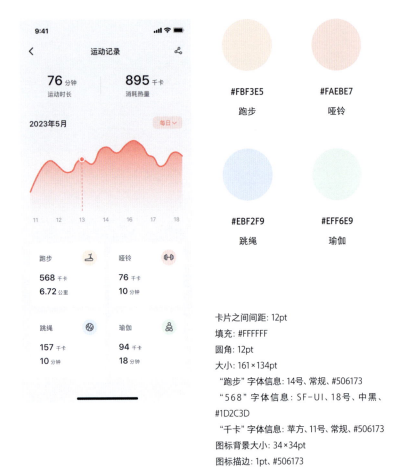

#FBF3E5
跑步

#FAEBE7
哑铃

#EBF2F9
跳绳

#EFF6E9
瑜伽

卡片之间间距: 12pt
填充: #FFFFFF
圆角: 12pt
大小: 161×134pt
"跑步"字体信息: 14号、常规、#506173
"568"字体信息: SF-UI、18号、中黑、#1D2C3D
"千卡"字体信息: 苹方、11号、常规、#506173
图标背景大小: 34×34pt
图标描边: 1pt、#506173

04 卡片为不同运动的分类详情, 包含运动项目名称、消耗千卡数、运动时长等数据。绘制卡片时需保证卡片的统一性, 包括图标的大小、特征及图标背景色调统一。

7.4 购票类界面制作

前面的章节讲解了设计中的常用规范, 包含在不同设备上使用不同的字体。我们可以用苹方或SF-UI字体, 但并不是只能用这些字体, 而应该根据具体产品选择能更好地展示对应行业、对应品牌的字体及配色等。在遵循规范的同时, 我们不要被规范限制住思维及创意, 要有所创新突破。例如, 设计儿童类、老年版之类的产品时, 应首先考虑使用人群。儿童类产品的配色及字体更可爱、童趣一些; 老年版产品要重点关注字体字号, 确保易读性。

本节我们以一款购票类App的界面设计为例, 讲解如何在遵守规范的同时有所突破。

● 制作步骤

#FFFFFF
文本信息

#44694C
背景色

"购票详情"字体信息:方正颜宋简体_中、16号、Regular、#FFFFFF

"返回"图标:#FFFFFF
大小:16×12pt(切图时尺寸需大于22×22pt,因为这是用户手指最小可点击区域,再小的话容易误操作或难以点击)

01 同样按照当前主流尺寸375×812pt制作界面,状态栏及导航栏高度均为44pt,指示器高度为34pt。

02 该产品的定位为个性、文艺、潮流,可使用带有衬线的宋体作为产品字体,并且使用墨绿色作为背景色,更符合产品调性。

#274744

文本颜色

背景框大小: 312×598pt
演唱会封面大小: 312×60pt
虚线: #44694C
描边: 1pt

保存图标: #FFFFFF
大小: 32×32pt
描边: 1pt

"标题"字体信息: 方正颜宋简体_粗、20号、Regular、#274744
"时间"字体信息: 方正颜宋简体_纤、12号、Regular、#274744
"2023.05……"字体信息: 方正颜宋简体_中、14号、Regular、#274744

03 这里设计的是演唱会购票界面,添加演唱会封面可以提升用户体验感,点击右上角的保存图标可直接将封面保存至相册。制作票面背景时可使用直角样式,这样更高级、文艺,并且对票面背景添加圆形剪裁,可营造出真实票面的氛围。制作设计图时需要用到二维码等信息,可使用二维码生成工具生成虚拟二维码。

08

学习与总结

8.1 新手如何快速入门

如果你是一个设计新手,希望学习UI设计,那你要确保愿意付出更多的努力和学习时间,来完成UI设计的挑战。

以下是一些建议和思路,可以帮助你快速入门。

1. 学习基本原理和理论知识:了解UI设计的基本原理和概念,包括色彩理论、排版原则、字体、设计规范、设计方法等。同时,还要学习关于用户体验设计(UX)和用户界面设计(UI)的基础知识,以便理解用户需求,并设计出符合用户期望的界面。

2. 学习使用专业工具:熟悉并学习使用常用的UI设计工具,例如,Adobe XD、Sketch、Figma、即时设计、Adobe After Effects、Principle等(第1章第4节详细讲述过)。这些工具可以帮助我们更快捷地完成设计,并与其他设计师和开发人员进行协作。同时,学习使用图像处理软件(如Adobe Photoshop)和矢量绘图软件(如Adobe Illustrator),这些软件可以帮助你编辑图像、绘制图标、插画和其他设计元素。

3. 自学和使用在线资源:互联网上有大量的资源可以帮助你学习UI设计。搜索各平台的在线教程、视频课程、学习教程等,这些资源可以提供基础的软件教学和操作指导。

4. 研究设计案例: 观察并分析一些成功的UI设计案例, 了解它们的布局、色彩、图标、字体等视觉方面的设计选择, 分析它们的功能需求模块及优劣势。多看、多欣赏、多分析, 可以帮助我们培养审美眼光和设计思维。

5. 不断练习: UI设计需要不断实践和经验积累, 因此需要大量的练习才能熟能生巧, 设计水平才会提升。

6. 寻求反馈和指导: 制作设计作品及练习作品时, 可以寻找行业内的专业人士或有经验的设计师, 向他们寻求反馈和指导, 听取他们对作品的点评和建议。了解自己的不足后, 我们要不断改进设计技巧, 避免闭门造车、止步不前。

7. 构建设计作品集: 在UI设计领域, 一个有吸引力的设计作品集是至关重要的。将你的设计项目整理在一个专业的作品集中, 并讲述你的设计过程和思路, 用于展示你的技能和创造力。

8. 关注设计趋势并持续学习: 保持对UI设计领域的关注, 了解最新的设计趋势和技术; 阅读设计书籍和在线资源, 参与设计活动和比赛, 不断提升自己的设计水平。UI设计是一个不断发展和变化的领域, 需要一直保持学习的态度。

8.2 避免一些不良学习习惯

1. 缺乏自我挑战: 在学习过程中, 一直保持在舒适区内学习可能导致学习效果不佳。你需要挑战自己, 尝试新的设计风格, 学习新的设计技能和不同的项目类型, 以提升自己的能力, 丰富经验。

2. 不注意细节: 在UI设计中, 注重细节非常重要。我们要培养"像素眼", 界面中最基本的对齐、大小统一、间距等问题要一眼就可以看出来, 忽视这些细节可能导致设计不完整或用户体验欠佳。要培养细致入微的习惯, 仔细审查和校对设计作品, 确保每个细节都处理妥当。

3. 浮躁和急于求成: UI设计是一个需要耐心和时间积累的过程, 要循序渐进, 慢慢培养审美和设计技能, 逐步提升设计水平。一蹴而就、急于求成可能导致学习效果不佳。

4. 缺乏反思和自我评估: 在学习过程中, 缺乏反思和自我评估容易导致对自身学习进展和问题的忽视。定期回顾和评估自己的学习成果, 发现不足并进行改进, 能推动我们不断进步。

5. 过于依赖模板和样式库: UI设计中, 使用模板和样式库可以提高效率, 但过度依赖它们会限制我们的创造力和独特性。尽量在学习过程中培养自己的设计思维和创造力, 不断尝试和探索新的设计方向。

6. 眼高手低: 眼高手低会影响我们的学习进步空间。在观看教程或上课时，可能会觉得老师的操作步骤很简单，已经领会其中的原理或思路了，无需自己动手绘制，其实不然。我们自己绘制时，会出现各种各样的问题，比如最基础的软件使用问题、字号不会选择颜色不会搭配、不理解用户需求等。无论简单还是复杂的设计，我们都需要脚踏实地的学习，亲自动手实践每个步骤。

7. 拖延: 拖延是学习中一种常见的障碍，会导致学习效率低下。为了克服拖延，我们可以设定明确的学习计划和目标，并制定合理的时间表。也可以寻求小伙伴的加入，不断互相督促和学习，以保持学习动力和专注度。

最后，祝愿所有的设计师: 愿你们在每个项目中都能找到乐趣和满足感，愿你们的努力和热情被认可和赏识，愿你们的创意能够为世界带来美丽和启发，愿你们的设计能够改变人们的生活和世界。